T/CAGHP 019—2018

目 次

前言 … Ⅲ
引言 … Ⅴ
1 范围 … 1
2 规范性引用文件 … 1
3 术语和定义 … 1
4 总则 … 2
　4.1 监测目的 … 2
　4.2 监测任务 … 2
5 光纤监测设备 … 2
　5.1 根据任务书编制地质灾害推力监测设计书 … 2
　5.2 监测仪器设备要求 … 2
　5.3 地质灾害推力监测精度 … 3
　5.4 结束监测 … 3
6 监测仪器安装 … 3
　6.1 仪器安装要求 … 3
　6.2 监测频率 … 4
　6.3 监测点布设 … 4
　6.4 监测施工 … 4
7 监测数据处理与分析 … 5
　7.1 一般规定 … 5
　7.2 监测数据处理 … 6
　7.3 监测资料分析 … 6
附录 A（规范性附录） 滑坡岩体光纤推力监测仪监测运行相关表格 … 7
附录 B（规范性附录） 地质灾害滑坡岩体推力监测设计书编写提纲 … 10
附录 C（规范性附录） 地质灾害滑坡岩体推力监测报告编写提纲 … 11
附录 D（规范性附录） 典型滑坡推力监测剖面布置示意图 … 12
附录 E（规范性附录） 钻孔中推力管光纤传感器安装定位、注浆管孔底返浆施工工艺示意图 … 14
附录 F（规范性附录） 监测孔孔口保护装置结构及保护标识示意图 … 15
索引 … 17

Ⅰ

T/CAGHP 019—2018

前 言

本标准按照GB/T 1.1—2009《标准化工作导则 第1部分：标准的结构和编写》给出的规则起草。

本标准附录A～附录F为规范性附录。

本标准由中国地质灾害防治工程行业协会（CAGHP）提出并归口。

本标准主要起草单位：中国地质科学院探矿工艺研究所、三峡库区地质灾害防治工作指挥部、电子科技大学、三峡大学。

本标准主要起草人：周策、程温鸣、涂国保、宋军、刘一民、代志勇、易夫林、季伟峰、郭启锋、汤国起、周晓军、陈文俊。

本标准由中国地质灾害防治工程行业协会负责解释。

引 言

为推动地质灾害防治工程行业健康发展，国土资源部组织拟定了《地质灾害防治行业标准目录》和《地质灾害防治行业标准体系框架》，并发布了《国土资源部关于编制和修订地质灾害防治行业标准工作的公告》（国土资源部公告 2013 年第 12 号），确定将《滑坡推力光纤监测技术指南》纳入地质灾害防治行业标准。本标准旨在提高滑坡等地质灾害推力监测水平，规范地质灾害推力监测工作。

T/CAGHP 019—2018

滑坡推力光纤监测技术指南(试行)

1 范围

本标准规定了滑坡地质灾害推力变化活动的监测内容、监测方法、监测点网布设、设备施工安装、监测资料整理的工作方法,适用于滑坡等地质灾害体的推力监测。

2 规范性引用文件

下列文件对于本标准的应用是必不可少的。凡是注日期的引用文件,仅注日期的版本适用于本标准。凡是不注日期的引用文件,其最新版本(包括所有的修改单)均适用于本标准。

GB/T 15972—2008 光纤试验方法规范
GB 50026—2007 工程测量规范
DZ/T 0218—2006 滑坡防治工程勘查规范
DZ/T 0219—2006 滑坡防治工程设计与施工技术规范
DZ/T 0220—2006 泥石流灾害防治工程勘查规范
DZ/T 0221—2006 崩塌、滑坡、泥石流监测规范
DZ/T 0227—2004 滑坡、崩塌监测测量规范
DZ/T 0261—2014 滑坡崩塌泥石流灾害调查规范(1:50 000)
YD 5121—2005 长途通信光缆线路工程验收规范
IEC 60793—2008 Opitical fibres

3 术语和定义

下列术语和定义适用于本标准。

3.1
推力监测 thrust monitoring
对滑坡体地表以下岩土体内的蠕动、应变、滑动等微观、宏观现象过程中对测力管产生的应力,在一定时期内进行周期性的或实时的测量工作。

3.2
光纤压力传感器 theorem of optical fiber pressure sensor
光纤压力传感器是一种敏感地层推力(压力)器件,并对单模光纤进行微弯处理,实现沿光纤轴向分布推力(压力)的传感。

3.3
推力 thrust
滑坡体地表以下岩土体内的蠕动、应变、滑动等微观、宏观现象过程中,岩土体延滑坡主滑方向产生的应力。

T/CAGHP 019—2018

3.4
测力管 push pipes

埋设在观测钻孔内的钢管,上面定向固定光纤压力传感器,主要感应滑坡推力。

4 总则

4.1 监测目的

4.1.1 获取滑坡形成演变过程中的推力信息,评价滑坡体的稳定状态和发展趋势,为防灾预警和工程设计提供基础数据。

4.1.2 为滑坡地质灾害防治工程的勘查、设计、施工和运营提供资料。

4.2 监测任务

4.2.1 根据滑坡地质灾害监测的目的,选择适宜的推力监测频率、监测网布设、施工方案和仪器设备。

4.2.2 监测滑坡地质灾害岩土体内的推力及确立相关要素。

4.2.3 建立滑坡地质灾害推力监测信息数据库,分析和处理监测数据,形成图表曲线。

4.2.4 通过滑坡体内推力监测,分析不同部位推力的变化。研究滑坡阻滑段及下滑段,为监测预警提供技术支持。

5 光纤监测设备

在经济、技术条件具备的情况下,逐步实现监测数据采集自动化和实时监测。自动化监测仪器、设备,应有自检、自校功能,没有自检、自校功能时应至少每3个月进行一次人工检查、人工校正,确保长期稳定。在自动化监测的同时,应适当地进行人工监测,保证在仪器、设备发生故障时,观测数据不中断。

5.1 根据任务书编制地质灾害推力监测设计书

监测设计书应通过下达任务的上级部门或委托单位的审批。

5.2 监测仪器设备要求

滑坡推力光纤监测技术适用于滑坡体沿滑带方向受力的分布式滑坡推力监测,光纤监测仪器、设备,应能满足分布式监测精度要求,精确可靠,定位稳定;能适应环境条件,抗腐蚀能力强,受温度、冻融、风、水、雷电、振动等作用影响小;能保持仪器和传输线路的长期稳定性与可靠性,故障少,并便于维护和更换。

5.2.1 地质灾害推力监测,包括监测滑床倾角、倾向,在滑床、滑体及滑带上各安装多组探头,监测不同位置的4个方向(按滑带层位分段、滑动方向定位)上各光纤压力传感器所受压力,监测点位布设应根据滑体的特征和监测目的等进行。

5.2.2 所用光纤压力传感器在埋设前,必须进行量程、误差、精度等标定,检查电缆或光缆的连通性,做好相应的编号和标志。

5.2.3 仪器埋设后,应及时将连接的电缆或光缆引入野外监测站,并妥善保护,确认连接的电缆或光缆与相应测头编号无误,做好各种埋设的初始记录和测读初始值。

5.2.4 监测设备应按相关规定进行标定和维护。

5.3 地质灾害推力监测精度

根据其推力变化量确定。监测误差应小于推力变化量的 1/10～1/5。

5.3.1 滑坡滑体推力最大测量范围：0 MPa～15 MPa
5.3.2 滑坡滑体推力测量精度：≤±5%
5.3.3 滑坡滑体推力测量分辨率：≤±1%
5.3.4 滑坡滑体推力传感器安装方位差：≤±5°
5.3.5 滑坡滑体推力传感器安装倾斜差：≤±1°
5.3.6 自动采集存储和传送
5.3.7 测量范围：2 km
5.3.8 定位精度：0.1 m

5.4 结束监测

滑坡地质灾害体经治理或受自然环境影响已处于平稳状态时，经上级部门或委托单位批准后可以结束监测。

6 监测仪器安装

6.1 仪器安装要求

光纤压力传感器法，利用穿过不同各滑带滑层进入完整基岩或稳定层钻孔，安装承受滑层推力的测力管，将光纤压力传感器埋设、固定在测力管上，并在钻孔内与测力管的环状间隙中，通过灌入水泥砂浆，将传感器与地质灾体围岩及测力管（包括支挡体）耦合一体，测得设计安装孔深位置的四个方向（按滑带层位分段）上各光纤压力传感器所受压力，根据监测滑坡体内不同滑带滑层部位的推力变化，按分段方式计算求得各孔段所受推力，分析判断滑坡体推力变化情况，提供全孔段受力随时间变化曲线图表等，并配合其他监测参数进行相互对比印证。图1为光纤压力传感器测量滑坡体推力布置安装图，图2为设计成孔柱状图。

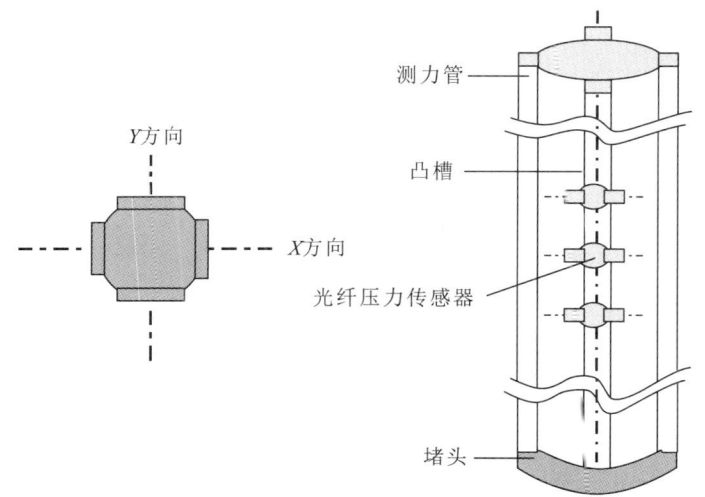

图 1 光纤压力传感器测量滑坡体推力布置安装图

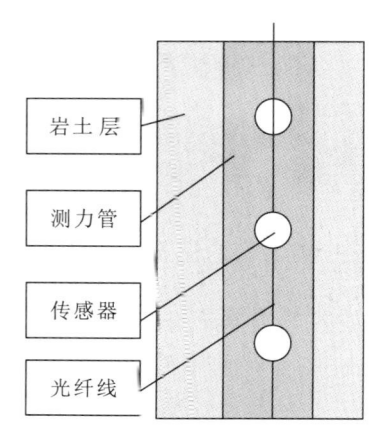

图 2 设计成孔柱状图

6.2 监测频率

6.2.1 不同变形阶段,监测频率应有所区别。滑坡蠕动变形阶段监测频率不低于每 15 天一次,比较稳定的可每月一次;匀速变形阶段,监测频率不低于每月一次;加速变形阶段,或降雨、洪水、爆破、地震、开挖等条件出现时,应加大监测频率,一般不低于每日一次。

6.2.2 在汛期、预报期、防治工程施工期等情况下应加大监测频率,宜每天一次或数小时一次,直至连续跟踪监测。

6.2.3 防治工程竣工后应进行效果监测(监测期一般不应少于 1 个水文年),监测频率不低于每月一次。

6.2.4 对采用自动化监测的滑坡体,其监测频率根据设计要求进行。

6.2.5 如发生地震、水库水位急剧变化及强降雨等特殊情况,其监测频率应加密。

6.3 监测点布设

6.3.1 滑坡监测网,应根据滑坡的地质特征及其范围大小、形状、地形地貌特征和施测要求布设。监测网是由监测线(即监测剖面,以下简称"测线",一般等比例"三纵三横")、监测点(以下简称"测点")组成的三维立体监测体系,监测网的布设应能满足系统监测滑坡的推力变化及发展趋势、预测预报精度等要求。

6.3.2 应充分利用勘查工程的竖井按滑带孔深上下 0.5 m 的位置布设监测点。

6.3.3 监测点应布设在能控制滑坡变形的滑带上下 0.5 m 的关键部位。

6.3.4 推力监测点应结合防治工程措施进行,布设于应力集中的滑带上下 0.5 m 部位,支挡工程位置(抗滑桩、锚索)应布设于应力集中的滑带上下 0.5 m 部位,监测点数量不低于工程总量的 5%。

6.4 监测施工

6.4.1 滑坡推力监测孔施工技术要求

a) 在选定部位采用适宜钻进工艺钻铅直孔,全孔按规定要求取芯,终孔孔径不小于 120 mm。

b) 钻进过程中,要做好钻进工作情况的记录和综合分析判别孔内地质情况,特别对软弱夹层的层位、深度、厚度以及水文地质情况等进行描述,作钻孔柱状图。要采取措施,全取观测孔的岩土层岩芯,特别是易动的软弱夹层岩芯采集率要达到 90% 以上。

c) 为了防止塌孔,并为将来进行孔口保护作准备,孔口段要预留约 5 m 长的套管。

d) 钻孔完成后,应冲洗钻孔,检查钻孔深度及其通畅情况,测量孔斜。

e) 每钻进 50 m 或终孔后均应校正孔深。孔深最大误差不得大于 0.5%,孔斜顶角最大允许弯曲度,每百米孔深内不得超过 2°,随孔深增加可以递增计算。

f) 钻孔应穿过滑带,进入完整基岩或稳定层 3 m～5 m。

g) 监测孔孔口应设置不易遭到破坏的保护装置。

6.4.2 测力管的选择与埋设安装施工技术要求

a) 测力管为 $\phi 57$ 地质套管,每根测力管长约 4 m,中间由测力管接头($\phi 89$)或传感器接头($\phi 89$),用 M20 的螺栓连接,接头上设计有四个导槽,用以保护光纤(包括线缆),传感器接头也有导槽,在四个方向上有四个传感器安装平面,以安装 $\phi 56$ 光纤压力传感器,用 M2.5 的螺栓将光纤压力传感器与安装平面固定,并记录下位置与光纤压力传感器方位,逐根对接后下入钻孔内。

b) 为了保证测力管的顺利安装,孔口段要保留一段护孔套管,其长度一般不应小于1.0 m,或根据滑坡堆积层厚度而定,用于光纤及接头的保护和存放。
c) 事先确定好光纤压力传感器埋设的孔位和方位,并在测力管上作母线标志,以保证测力管下放钻孔后方位的正确,按顺序编号,并用胶带将测力管与接头连接处缠绕平整,以免毛刺端面锐角划断光纤。
d) 下放的第一根测力管应加一个接头,以免光纤直接与孔壁相撞。
e) 压力盒在随套管下孔过程中,不能损坏,不能拉断导线或光纤。要用密封胶带将压力盒包扎密封好,防止混凝土砂浆流入传感器的变形膜上。
f) 下放的过程中要让一对光纤压力传感器的受力方向与预计变形或滑移方向相近,测力管埋设深度在稳定层下3 m~5 m。
g) 测力管光纤传感器与钻孔环状间隙,通过底部返浆法,用水泥砂浆灌注,灌浆完毕后,做好孔口保护。注意在光纤接头部分,不要踩坏或灌入水泥浆液,并做好四个接头的方向标记,做好安装记录。

7 监测数据处理与分析

应及时进行监测资料的编录、整理和分析研究。有条件的专业监测站(点)应尽可能采用计算机进行监测资料的编录、整理和分析研究。

7.1 一般规定

7.1.1 现场的监测资料应符合下列要求:
a) 使用正式的监测记录表格,详见附录A;
b) 监测记录应有相应的工况描述;
c) 监测数据应及时整理;
d) 对监测数据的变化及发展情况应及时分析和评述。

7.1.2 资料整理包括平时资料整理与定期资料编印。

7.1.2.1 平时资料整理工作的内容:
a) 检验观测数据的正确性、准确性。每次观测完成之后,应立即在现场检查作业方法是否符合要求,是否有缺漏现象,各项检验结果是否在限差以内,观测值是否符合精度要求,数据记录是否准确、清晰、齐全。
b) 观测物理量的计算。经检验合格后的观测数据,应换算成观测物理量,记入相应记录表。
c) 绘制观测物理量的过程曲线图。
d) 在观测物理量过程曲线图上,初步考察物理量的变化规律。若发现异常,应立即分析该异常量产生的原因,提出专项文字说明。对原因不详者,还要向上级主管部门或委托部门报告。

7.1.2.2 定期资料编印工作的内容:
a) 观测物理量统计。按统一规定对各观测物理量进行统计,填入相应的统计表格,绘制观测物理量的分布图、有关各量间的相关曲线图。
b) 编制编印说明。重点阐述本编印时段的基本情况、编印内容、编印组织与参加人员,存在哪些观测物理量异常及这些异常在灾害体的分布部位,以及对观测设备和工程采取过何种检验、处理,等等。

7.2 监测数据处理

根据滑坡地表露头及监测钻孔取芯破碎、孔深标高情况,并配合位移监测数据,计算判别滑带、主滑方向、倾斜方向。

7.2.1 监测数据的处理与信息反馈宜采用专业软件,专业软件的功能应符合本标准的有关规定,并宜具备数据采集、处理、分析、查询管理一体化以及监测成果可视化的功能。

7.2.2 监测成果报表应包含初测值、本次测试值、本次变化值、本次变化速率以及累计值等,并绘制相关曲线图。

7.2.3 现场测试人员应对监测数据的真实性负责,监测分析人员应对监测报告的可靠性负责,监测单位应对整个项目监测质量负责。监测记录和监测技术成果均应有负责人签字,监测技术成果应加盖成果章。

7.2.4 光纤压力监测数据换算为滑坡推力的计算方法:

$$F = 10^9 \cdot \sum_{i=1}^{n} P_i \cdot S_i$$

式中:

F——推力,单位为千牛[顿](kN);

P_i——滑带第 i 层压力,单位为兆帕[斯卡](MPa);

S_i——滑带第 i 层切面面积,单位为平方米(m²)。

7.3 监测资料分析

7.3.1 技术成果应包括阶段性报告和总结报告。技术成果提供的内容应真实、准确、完整,并应用文件阐述、变化曲线或图形相结合的形式表达。技术成果应按时报送。

7.3.2 阶段性监测报告应包括下列内容:

a) 该监测期相应的工程、气象及周边环境概况。
b) 该监测期的监测项目及测点的布置图。
c) 各项监测数据的整理、统计及监测成果的过程曲线。
d) 各监测项目监测值的变化分析、评价及发展预测。

附 录 A
(规范性附录)
滑坡岩体光纤推力监测仪监测运行相关表格

主要包括测试仪器运行与所需要的资料性表格,见表 A.1~表 A.3。

表 A.1 滑坡岩体推力监测孔下管(含传感器)记录表

工程名称:_____   日期:___年___月___日
施工单位:_____   气候:____孔号:____
主滑方向:_____   主传感器安装方向:_____   终孔孔深:_____m

序号	地质管长度/m	专用接头/m	传感器接头/m	孔深/m	光缆线长度/m	备注
合计	共 根	共 个	共 个			共 个传感器

施工单位签字:	技术产品供应商:
技术负责人:	现场负责人:
单位负责人:	单位负责人:

监理意见:

　　　监理工程师:

　　　　　　　　　　　　　　　　　　　　　　　　　年 月 日

表 A.2 滑坡岩体推力监测系统数据采集记录表

工程名称：_____　　　采集单位：_____

天气：_____　　日期：____年___月___日　　星期____采集人：_____

孔号（位置）：_____　　　主滑方向：_____

传感器编号	传感器位置（孔）	传感器位置（线）	推力/MPa	采集推力数据	
				采集线头	采集文件
					仪器方位示意图

备注：

表 A.3 滑坡岩体推力监测系统传感器标度表

单位：_____ 标度人：_____

天气：_____ 日期：____年__月__日 星期___

传感器编号	标度线头（入口）	标度文件	传感器实际位置	传感器测量位置	传感器测量值	传感器拟合值	弹膜量程
传感器光纤线标号（套）：							

附　录　B
（规范性附录）
地质灾害滑坡岩体推力监测设计书编写提纲

第一章　任务来源和监测的重要性

第二章　自然条件和地质环境

第三章　地质灾害特征、成因和稳定性分析的主要成果

第四章　监测精度要求

第五章　监测内容论证和确定

第六章　监测方法选定

第七章　监测点网布设

第八章　监测资料整理，变形破坏或活动判据和预报方案

第九章　监测经费预算

附 录 C
（规范性附录）
地质灾害滑坡岩体推力监测报告编写提纲

第一章 滑坡体推力监测工程概况
第二章 滑坡体推力监测依据
第三章 监测项目
第四章 测点布置
第五章 监测设备和监测方法
第六章 监测频率
第七章 监测报警值
第八章 各监测项目全过程的发展变化分析及整体评述
第九章 监测工作结论与建议

附 录 D
（规范性附录）
典型滑坡推力监测剖面布置示意图

根据专家组审查通过的监测方案，本次在弱变形区不同高程及位置上布置了 TL01、TL02 两个滑坡推力监测孔（图 D），钻孔基本情况如表 D.1 所示。

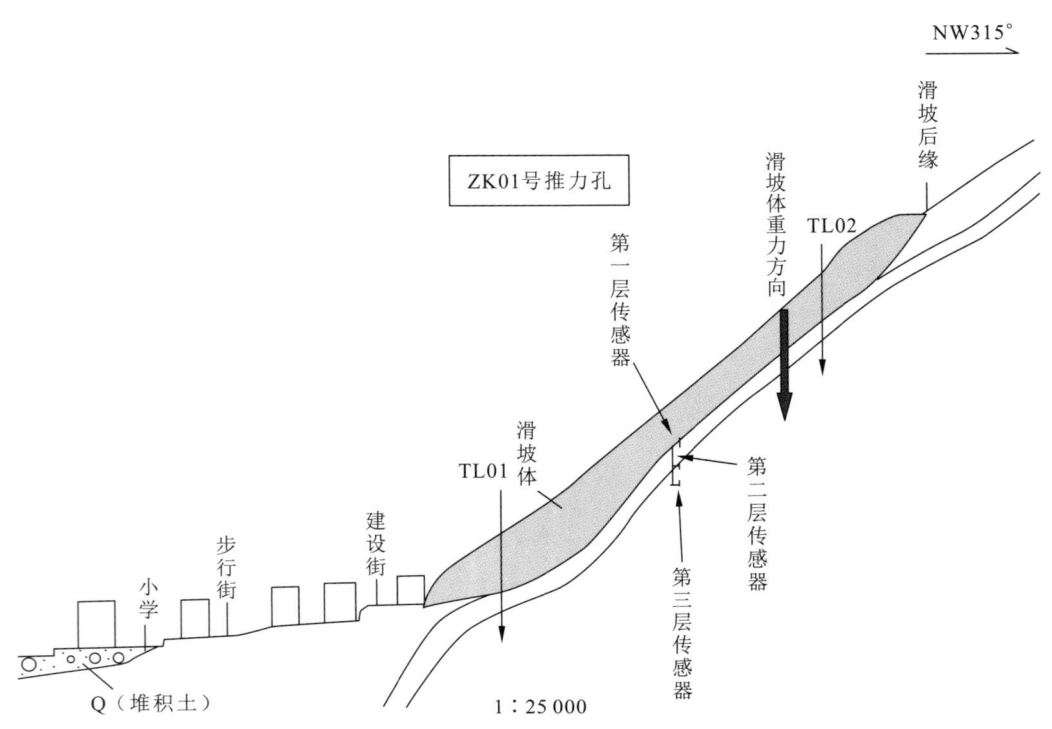

图 D 典型滑坡推力监测剖面布置示意图

表 D.1 推力监测孔情况

监测孔号	TL01	TL02
大地坐标	$X=3\,866\,875.783$ $Y=621\,559.690$ $Z=191.720$	$X=3\,866\,876.848$ $Y=621\,626.156$ $Z=179.350$
终孔深度/m	29.0	34.6
岩土分层深度/m	23.5	29.0

传感器埋设情况如表 D.2 所示。

表 D.2 推力监测孔埋设基本情况

埋设情况		孔号							
		TL01				TL02			
埋设传感器层数/层		3				4			
第一层传感器	深度/m	孔深9.30,光纤长40和140				孔深3.50,光纤长20和160			
	编号	300-1	300-6	300-A	300-F	301-1	301-8	301-A	301-H
	方向/(°)	0	180	90	270	0	180	90	270
第二层传感器	深度/m	孔深10.30,光纤长60和120				孔深4.50,光纤长40和140			
	编号	300-2	300-5	300-B	300-E	301-2	301-7	301-B	301-G
	方向/(°)	0	180	90	270	0	180	90	270
第三层传感器	深度/m	孔深23.50,光纤长80和100				孔深28.80,光纤长60和120			
	编号	300-3	300-4	300-C	300-D	301-3	301-6	301-C	301-F
	方向/(°)	0	180	90	270	0	180	90	270
第四层传感器	深度/m					孔深30.10,光纤长80和100			
	编号					301-4	301-5	301-D	301-E
	方向/(°)					0	180	90	270
注:安装时推测主滑方向为0°。									

附 录 E
（规范性附录）
钻孔中测力管光纤传感器安装定位、注浆管孔底返浆施工工艺示意图

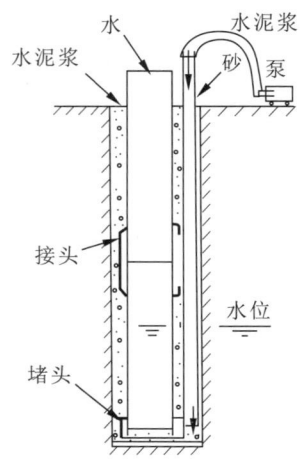

图 E 钻孔中测力管光纤传感器安装定位、
注浆管孔底返浆施工工艺示意图

附 录 F
（规范性附录）
监测孔孔口保护装置结构及保护标识示意图

图 F 监测孔孔口保护装置结构及保护标识示意图

1. 野外设备保护罩；2. 光纤推力仪；3. 光纤；4. 孔口保护管；5. 野外监测平台

索 引

滑坡岩体推力监测孔下管(含传感器)记录表 ……………………………………………………	表 A.1
滑坡岩体推力监测系统数据采集记录表 ………………………………………………………	表 A.2
滑坡岩体推力监测系统传感器标度表 …………………………………………………………	表 A.3
推力监测孔情况 …………………………………………………………………………………	表 D.1
推力监测孔埋设基本情况 ………………………………………………………………………	表 D.2
光纤压力传感器测量滑坡体推力布置安装图 ……………………………………………………	图 1
设计成孔柱状图 …………………………………………………………………………………	图 2
典型滑坡推力监测剖面布置示意图 ……………………………………………………………	图 D
钻孔中测力管光纤传感器安装定位、注浆管孔底返浆施工工艺示意图 ………………………	图 E
监测孔孔口保护装置结构及保护标识示意图 …………………………………………………	图 F